essentials

essentials liefern aktuelles Wissen in konzentrierter Form. Die Essenz dessen, worauf es als „State-of-the-Art" in der gegenwärtigen Fachdiskussion oder in der Praxis ankommt. *essentials* informieren schnell, unkompliziert und verständlich

- als Einführung in ein aktuelles Thema aus Ihrem Fachgebiet
- als Einstieg in ein für Sie noch unbekanntes Themenfeld
- als Einblick, um zum Thema mitreden zu können

Die Bücher in elektronischer und gedruckter Form bringen das Expertenwissen von Springer-Fachautoren kompakt zur Darstellung. Sie sind besonders für die Nutzung als eBook auf Tablet-PCs, eBook-Readern und Smartphones geeignet. *essentials:* Wissensbausteine aus den Wirtschafts-, Sozial- und Geisteswissenschaften, aus Technik und Naturwissenschaften sowie aus Medizin, Psychologie und Gesundheitsberufen. Von renommierten Autoren aller Springer-Verlagsmarken.

Weitere Bände in der Reihe http://www.springer.com/series/13088

Klaus Stierstadt

Thermodynamische Potenziale und Zustandssumme

Ein Überblick über die Definitionen in der Thermodynamik

Klaus Stierstadt
Universität München
München, Deutschland

ISSN 2197-6708 ISSN 2197-6716 (electronic)
essentials
ISBN 978-3-658-28992-8 ISBN 978-3-658-28993-5 (eBook)
https://doi.org/10.1007/978-3-658-28993-5

Die Deutsche Nationalbibliothek verzeichnet diese Publikation in der Deutschen Nationalbibliografie; detaillierte bibliografische Daten sind im Internet über http://dnb.d-nb.de abrufbar.

Springer Spektrum ist ein Imprint der eingetragenen Gesellschaft Springer Fachmedien Wiesbaden GmbH und ist ein Teil von Springer Nature.
Die Anschrift der Gesellschaft ist: Abraham-Lincoln-Str. 46, 65189 Wiesbaden, Germany

Was Sie in diesem *essential* finden können

- Sie erhalten einen Überblick über die Definitionen und die Bedeutung thermodynamischer Potenziale.
- Sie lernen, wie man die thermodynamischen Potenziale aus der Zustandssumme eines Systems berechnet, und diese aus der quantisierten Energie der Atome.
- Dieses *essential* schlägt eine Brücke zwischen den beiden Thermodynamik-Vorlesungen, nämlich der einfachen Wärmelehre im 1. oder 2. Semester und der anspruchsvollen Statistischen Physik im 5. Semester. Was Sie in der Zwischenzeit vergessen haben, und was im 5. Semester vorausgesetzt wird, das finden sie in diesem *essential.*

Vorwort

Die Thermodynamik – ursprünglich die Lehre von den Dampfmaschinen – ist wegen ihrer relativen Abstraktheit das unbekannteste Gebiet der klassischen Physik. Sie ist aber gleichzeitig ihr heute wichtigster Teil. Als Lehre von den Umwandlungen der Energie braucht man sie zum Verständnis unseres weltweiten Energieproblems und damit der aktuellen Klimaveränderung (siehe mein Buch „Energie – das Problem und die Wende", 2015 [1]). Um so unverständlicher ist es, dass die Thermodynamik bzw. die Wärmelehre aus den Lehrplänen unserer Schulen fast ganz verschwunden ist. Und an den Hochschulen wird sie ebenfalls oft stiefmütterlich behandelt. Das verdanken wir allerdings der Bologna-Reform unserer Studiengänge.

Aus diesem Grunde habe ich drei *essentials* geschrieben, in denn die wesentlichen Inhalte der Thermodynamik besprochen werden: Die atomistische Interpretation von Temperatur und Wärme, die thermodynamischen Potenziale, und die damit erklärbaren Eigenschaften der Stoffe. Diese drei *essentials* – von denen Sie eines hier in der Hand halten – liefern zusammen genommen eine Brücke zwischen der einfachen Wärmelehre, wie sie am Anfang des Bachelorstudiums angeboten wird, und zwischen der anspruchsvollen Statistischen Physik am Ende dieses Studiums. Sie sollten daher bereits ein wenig Grundwissen zu den Begriffen der Thermodynamik mitbringen.

Die drei *essentials* stellen auch jedes für sich ein nützliches Werkzeug dar, um das Wesentliche, das „Essenzielle" der Thermodynamik zu verstehen. So dient zum Beispiel das Wissen von der Entropie zum Verständnis des Wirkungsgrads unserer Energie-Wandler. Und die Energiebilanz unserer Atmosphäre bildet die Grundlage zum Verständnis des Klimawandels. Für diese und viele andere Probleme in Natur und Technik ist eine solide Kenntnis der Thermodynamik unverzichtbar.

Klaus Stierstadt

Inhaltsverzeichnis

1 Einführung

Thermodynamische Potenziale sind Energiefunktionen, die für verschiedene spezielle Anwendungsgebiete entwickelt wurden. Sie leiten sich alle vom Ausdruck für die **innere Energie** U her, die sozusagen das Basispotenzial darstellt. Der erste Hauptsatz lautet nach Rudolf Clausius (1822–1888) bekanntlich

$$\boxed{\Delta U = \Delta Q + \sum \Delta W,} \tag{1.1}$$

wobei ΔQ die einem Körper zu- oder abgeführte Wärmeenergie ist und ΔW die entsprechenden Arbeitsenergien, von denen es eine ganze Reihe gibt [1]. Die innere Energie selbst ist definitionsgemäß der gesamte Energieinhalt E_{ges} eines Körpers, abzüglich seiner Massenenergie $E_{\mathrm{m}} = mc^2$ und abzüglich der kinetischen Energie E_{sp} seines Schwerpunkts. Was dann für U übrig bleibt, ist die kinetische Energie E_{kin} seiner Atome bezüglich des Schwerpunkts sowie ihre gegenseitige potenzielle Energie E_{pot} und diejenige, E_{f} des Körpers in äußeren Feldern. Es gilt also

$$U = E_{\mathrm{ges}} - E_{\mathrm{m}} - E_{\mathrm{sp}} \tag{1.2}$$

und

$$U = E_{\mathrm{kin}} + E_{\mathrm{pot}} + E_{\mathrm{f}}. \tag{1.3}$$

Manchmal wird E_{f} auch nicht zu U hinzugerechnet. Weil man den Absolutwert der inneren Energie nicht unmittelbar messen kann, ist es sinnvoll nur Differenzen derselben zu betrachten. Um U selbst direkt zu messen, müsste man den Körper ja in seine Atome zerlegen und ihre Bewegungsenergie messen sowie die Kräfte, die sie aufeinander ausüben.

K. Stierstadt, *Thermodynamische Potenziale und Zustandssumme*, essentials, https://doi.org/10.1007/978-3-658-28993-5_1

Warum braucht man nun neben dem Basispotenzial U noch andere Energiefunktionen? Das hat allein praktische Gründe, auf die wir im Kap. 2 zu sprechen kommen. Zunächst wollen wir die innere Energie noch etwas genauer betrachten. Sie hängt nämlich nach Gl. (1.1) über ΔQ und ΔW von einer ganzen Reihe verschiedener Parameter ab. Für die Wärmeenergie können wir nach Clausius $\Delta Q = T\Delta S$ schreiben mit der Temperatur T und der Entropie S [1]. Und für die Arbeitsenergie gibt es eine Anzahl verschiedener Beiträge: Volumenarbeit, chemische Arbeit, elektrische Arbeit, magnetische Arbeit, Verformungsarbeit, Grenzflächenarbeit, Gravitationsarbeit usw. Ausgeschrieben lautet das in differentieller Form dann so:

$$\begin{aligned} \mathrm{d}U = T\,\mathrm{d}S - P\,\mathrm{d}V + \mu\,\mathrm{d}N + \phi_\mathrm{e}\,\mathrm{d}q + \boldsymbol{E}\cdot d\boldsymbol{M}_\mathrm{e} + \boldsymbol{B}\cdot \mathrm{d}\boldsymbol{M}_\mathrm{m} \\ + \boldsymbol{F}\cdot \mathrm{d}\boldsymbol{\ell} + \gamma_\mathrm{s}\,\mathrm{d}A + \phi_\mathrm{g}\,\mathrm{d}m + \ldots \end{aligned} \tag{1.4}$$

(hier ist P der Druck, V das Volumen, μ das chemische Potenzial, N die Teilchenzahl, ϕ_e das elektrische Potenzial, q die elektrische Ladung, $\boldsymbol{E}$ das elektrische Feld, $\boldsymbol{M}_\mathrm{e}$ das elektrische Dipolmoment, $\boldsymbol{B}$ das Magnetfeld, $\boldsymbol{M}_\mathrm{m}$ das magnetische Moment, $\boldsymbol{F}$ die mechanische Kraft, $\boldsymbol{\ell}$ die Längenänderung, γ_s die Grenzflächenspannung, A die Grenzfläche, ϕ_g das Gravitationspotenzial, m die Masse usw.). Die Gl. (1.4) ist der vollständige erste Hauptsatz, worin die meisten für die Praxis relevanten Arbeitsenergien formuliert sind. Es fehlen zwar noch entsprechende Terme für die starke und die schwache Wechselwirkung zwischen Elementarteilchen. Diese spielen aber nur in der Hochenergiephysik eine Rolle. Die in Gl. (1.4) aufgelisteten Energiebeiträge haben alle die Maßeinheit Joule, und man kann sie im Prinzip alle mit Kalorimetern messen. Genaueres dazu findet man zum Beispiel bei F. X. Eder, „Arbeitsmethoden der Thermodynamik" (Berlin 1983). Schließlich ist zu bemerken, dass alle Summanden in Gl. (1.4) aus dem Produkt einer Intensiv- und einer Extensivgröße bestehen. **Extensive Größen** sind immer proportional zur Teilchenzahl im betreffenden System. **Intensive Größen** sind das nicht, aber diese können in Mehrphasensystemen überall denselben Wert haben, beispielsweise die Temperatur in einem Wasser-Eis-Gemisch.

In den meisten Lehrbüchern findet man nur abgekürzte Versionen der Gl. (1.4) mit Beschränkung auf wenige Glieder der rechten Seite, die für das aktuelle Problem relevant sind. Oft betrachtet man nur ideale Gase und schreibt $\mathrm{d}U = T\,\mathrm{d}S - P\,\mathrm{d}V$. Man hüte sich allerdings davor, diese Gleichung einfach zu integrieren und in der Form $U = TS - PV$ zu schreiben. Das ist nämlich falsch, wie man durch Vergleich mit den entsprechenden Zahlenwerten für ein Gas sehen kann.

Es fehlt dabei die chemische Arbeit $+\mu N$, die auch beim Gas zu einer Zustandsfunktion wie U dazugehört (Näheres z. B. in K. Stierstadt, „Thermodynamik für das Bachelorstudium“, 2018 [2]). Die abgekürzte Gl. (1.4) muss also mindestens so lauten:

$$dU = T\,dS - P\,dV + \mu\,dN. \tag{1.5}$$

Noch ein Wort zur chemischen Arbeit $dW_{\text{chem}} = \mu\,dN$, bzw. bei mehreren beteiligten Teilchensorten $\sum \mu_i\,dN_i$. Das hier auftretende **chemische Potenzial** μ beschreibt die Änderung dU der inneren Energie eines Systems beim Hinzufügen oder Entfernen (dN) eines Teilchens. Das geschieht natürlich bei allen chemischen Reaktionen. Daher die Bezeichnung „chemisch“ bei diesem Potenzial. Allerdings spielt μ auch in der Physik und in der Technik eine große Rolle. Seine Definition $\mu =: dU/dN$ ist außerdem an eine wichtige Nebenbedingung gebunden. Sie gilt nämlich nur bei konstanter Entropie, konstantem Volumen und konstanten übrigen extensiven Größen. Wir behandeln das chemische Potenzial ausführlich im Kap. 4.

2 Definition und Eigenschaften der thermodynamischen Potenziale

Wie schon erwähnt, sind die thermodynamischen Potenziale nichts weiter als spezielle Energieausdrücke, die für verschiedene praktische Zwecke von Nutzen sind. Solche Zwecke sind zum Beispiel Experimente bei konstant gehaltener Temperatur, bei konstantem Druck oder konstantem Volumen, bei konstantem elektrischem oder magnetischem Feld usw. Im Prinzip kann ja jede der in Gl. (1.4) vorkommenden Größen konstant gehalten werden, je nach den Bedingungen, unter denen ein bestimmter Vorgang oder Prozess ablaufen soll. Will man zum Beispiel nur den Anteil $\boldsymbol{B} \cdot \mathrm{d}\boldsymbol{M}_{\mathrm{m}}$ der magnetischen Arbeit an der beliebigen Energieänderung eines Körpers bestimmen, so empfiehlt es sich, alle anderen unabhängigen Variablen in Gl. (1.4) konstant zu halten, das heißt $\mathrm{d}S$, $\mathrm{d}V$, $\mathrm{d}N$ usw. Dann gilt nämlich allein $\mathrm{d}U = \boldsymbol{B} \cdot \mathrm{d}\boldsymbol{M}_{\mathrm{m}}$. Oder man hält alle extensiven Größen bis auf das Volumen konstant, dann gilt nur $\mathrm{d}U = P\ \mathrm{d}V$. In solchen einfachen Fällen lässt sich die gemessene Änderung der inneren Energie besonders leicht mit einem theoretischen Ausdruck dafür vergleichen, was natürlich oft der Zweck eines Experiments ist. Wie man solche theoretischen Ausdrücke gewinnt, das besprechen wir im Kap. 3.

Nun ist es manchmal experimentell recht schwierig, bei einem Prozess extensive Größen wie die Entropie oder das Volumen oder das elektrische Dipolmoment eines Körpers wirklich konstant zu halten. Viel leichter geht das mit den intensiven Parametern wie Temperatur, Druck oder elektrisches Feld. Man hat daher nach Ausdrücken für Energieänderungen gesucht, bei denen diese die unabhängigen Variablen sind und die extensiven die abhängigen. Solche Energiefunktionen erhält man, wenn man zur inneren Energie U die verschiedenen Energieanteile einfach addiert und dann das Differenzial bildet. Das heißt zum Beispiel $U + PV$, $U - TS$ oder $U + \mu N$ usw. Diese Energiefunktionen haben verschiedene neue Namen bekommen. So heißt die Kombination $F \equiv U - TS$ **freie Energie** bzw.

K. Stierstadt, *Thermodynamische Potenziale und Zustandssumme*, essentials,
https://doi.org/10.1007/978-3-658-28993-5_2

Helmholtz-Potenzial. Oder $H \equiv U + PV$ heißt **Enthalpie** und $G \equiv U - TS + PV$ heißt **freie Enthalpie** bzw. **Gibbs-Potenzial** (nach Hermann von Helmholtz, 1821–1894, und Josiah W. Gibbs, 1839–1903). Eine solche Konstruktion neuer Energiefunktionen nennt man eine **Legendre-Transformation** (nach Adrien Legendre, 1752–1833). Dabei werden auf diese Weise abhängige und unabhängige bzw. intensive und extensive Größen vertauscht. Das sieht man folgendermaßen ein:

Für $F = U - TS$ lautet das totale Differenzial

$$\boxed{\mathrm{d}F = \mathrm{d}U - \mathrm{d}(TS) = \mathrm{d}U - S\,\mathrm{d}T - T\,\mathrm{d}S} \tag{2.1}$$

und mit $\mathrm{d}U = T\,\mathrm{d}S - P\,\mathrm{d}V + \mu\,\mathrm{d}N$ aus Gl. (1.5) gilt

$$\mathrm{d}F = T\,\mathrm{d}S - P\,\mathrm{d}V + \mu\,\mathrm{d}N - S\,\mathrm{d}T - T\,\mathrm{d}S = -S\,\mathrm{d}T - P\,\mathrm{d}V + \mu\,\mathrm{d}N. \tag{2.2}$$

Dabei haben wir in Gl. (1.4) nur die ersten drei Energiebeiträge berücksichtigt, was für ein ideales Gas zutrifft. Hier ist in der Tat nun S zur abhängigen und T zur unabhängigen Variablen geworden. Daher ist F jetzt eine Funktion von T, V und N, während U eine solche von S, V und N war. Der „Legendresche Trick" liefert also das gewünschte Ergebnis. Wenn man jetzt T und N konstant hält, was viel leichter ist als für S und V, dann lautet die Änderung der freien Energie einfach $\mathrm{d}F = -P\,\mathrm{d}V$. Und das kann man leicht messen, um zum Beispiel $\mathrm{d}F$ mit einem theoretische gewonnenen Wert zu vergleichen.

Führt man das gleiche Verfahren für die anderen beiden oben genannten Energiefunktionen H und G durch, so erhält man für $H(S, P, N) = U + PV$

$$\boxed{\mathrm{d}H = T\,\mathrm{d}S + V\,\mathrm{d}P + \mu\,\mathrm{d}N} \tag{2.3}$$

und für $G(T, P, N) = U - TS + PV$

$$\boxed{\mathrm{d}G = -S\,\mathrm{d}T + V\,\mathrm{d}P + \mu\,\mathrm{d}N.} \tag{2.4}$$

Nun haben wir die Transformation nur für die drei willkürlich gewählten Fälle F, H und G besprochen, die allerdings für die Praxis besonders wichtig sind. Führt man das Verfahren auch für alle übrigen, in Gl. (1.4) enthaltenen Kombinationen von Variablen durch, so erhält man $2^9 = 512$ verschiedene Energiefunktionen. (Das ist aber eher eine Fundgrube für Übungsaufgaben.) Als ein Beispiel formulieren wir hier nur die **verallgemeinerte freie Enthalpie** (nach Gl. 1.4):

$$\boxed{\begin{aligned}\mathrm{d}G\big(T, P, \mu, \phi_\mathrm{e}, \boldsymbol{E}, \boldsymbol{B}, \boldsymbol{F}, \gamma_s, \phi_\mathrm{g}\big) = &- S\,\mathrm{d}T + V\,\mathrm{d}P - N\,\mathrm{d}\mu - q\,\mathrm{d}\phi_\mathrm{e} - \boldsymbol{M}_\mathrm{e} \cdot \mathrm{d}\boldsymbol{E} \\ &- \boldsymbol{M}_\mathrm{m}\,\mathrm{d}\boldsymbol{B} - \boldsymbol{\ell} \cdot \mathrm{d}\boldsymbol{F} - A\,\mathrm{d}\gamma_\mathrm{s} - m\,\mathrm{d}\phi_\mathrm{g}.\end{aligned}} \tag{2.5}$$

Wir beschränken uns nun auf die $2^3 = 8$ Möglichkeiten des Variablentauschs bei Wärme, Volumenarbeit und chemischer Arbeit, also

$$\mathrm{d}U = T\,\mathrm{d}S - P\,\mathrm{d}V + \mu\,\mathrm{d}N. \tag{2.6}$$

Dann erhalten wir das in Abb. 2.1 dargestellte Schema für die acht Energiefunktionen. Die Abbildung zeigt ein Reservoir mit konstanter Temperatur, konstantem Druck und konstantem chemischen Potenzial. An dieses Reservoir sind die acht Systeme angekoppelt, und zwar mit verschiedenartigen Wänden, die teils durchlässig für Wärmeenergie, für Volumen oder Teilchen sind.

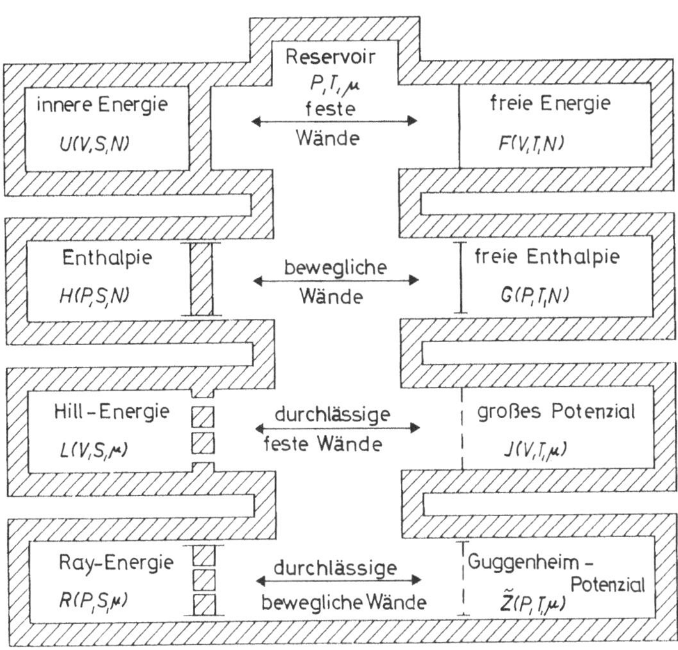

Abb. 2.1 Die acht thermodynamischen Potenziale für ideale Gase. Die Systeme sind durch verschiedene Arten von Wänden mit einem gemeinsamen Reservoir für T, P und μ verbunden. Die vier Systeme auf der linken Seite sind vollständig von adiabatischen Wänden (schraffiert) umgeben, die vier auf der rechten Seite haben diathermischen Kontakt mit dem Reservoir. Die beweglichen Wände in der zweiten und vierten Reihe von oben gewährleisten Druckgleichgewicht, das heißt Volumenaustausch mit dem Reservoir. Die durchbrochenen Wände in der unteren Hälfte des Bildes ermöglichen Gleichgewicht des chemischen Potenzials und Teilchenaustausch

Die Abb. 2.1 vermittelt somit ein anschauliches Bild für die Verschiedenheit der thermodynamischen Potenziale. Für welche Probleme welche Potenziale nützlich sind, das ergibt sich aus den in Klammern angegebenen unabhängigen Variablen. Von diesen möchte man am liebsten möglichst viele konstant halten, um einen einfachen Messwert zu erhalten, den man mit der Theorie vergleichen kann. So benutzt man zum Beispiel in der Chemie die Enthalpie $H\,(S, P, N)$, weil sich bei oft konstantem Druck nur die Wärmeenergie TS und die chemische Energie $\sum \mu_i N_i$ ändern. Und beides ist leicht zu messen. In der Technik sind dagegen oft die Temperatur und die Teilchenzahl konstant. Dann benutzt man am besten die freie Energie $F(T, V, N)$ und erhält $\mathrm{d}F = -P\,\mathrm{d}V$. Und in der Biophysik ist die freie Enthalpie $G(T, P, N)$ von Vorteil, weil dort oft T und P konstant sind. Man hat dann nur die einfache Beziehung $\mathrm{d}G = \mu\,\mathrm{d}N$ zu berücksichtigen.

Alle die betrachteten Potenziale dienen, wie gesagt dazu, den Vergleich zwischen Experiment und Theorie zu erleichtern. Die theoretischen Ausdrücke beruhen meist auf vereinfachten Modellen, wie wir im Kap. 3 und im Anhang B sehen werden. Die Experimente geben dann Aufschluss darüber, ob die Vereinfachungen sinnvoll sind. Auf jeden Fall ist es aber beim Vergleich zwischen Theorie und Experiment wichtig, dass man nur Gleichgewichtszustände miteinander in Beziehung setzt. Im Gleichgewicht haben die Potenziale alle eine besondere Eigenschaft: Sie nehmen dann minimale Werte an. Dies ist eine Folge des zweiten Hauptsatzes der Thermodynamik, der da lautet. „In einem abgeschlossenen System nimmt die Entropie immer zu oder sie bleibt konstant“. Im Gleichgewicht, wenn alle relevanten Veränderungen beendet sind, wird sie daher maximal. Wir wollen nun besprechen, wie aus dieser Forderung die Minimaleigenschaft der Potenziale im Gleichgewicht folgt.

Dazu betrachten wir in Abb. 2.2 ein kleines System σ, das mit einem großen $\sum$ im Temperatur- und Druckgleichgewicht steht. Die wärmedurchlässige (diathermische) und gleitfähige Wand gestattet den Austausch von Wärme- und Volumenenergie zwischen σ und $\sum$. Nach dem zweiten Hauptsatz kann die Entropie des abgeschlossenen Gesamtsystems $(\sigma + \sum)$ nur zunehmen, wenn man es von einem beliebigen Anfangszustand ausgehend sich selbst überlässt:

$$\Delta S_{\text{ges}} = \Delta S_\sigma + \Delta S_\Sigma \geq 0. \tag{2.7}$$

Wenn $\sum$ zum Beispiel die Wärmeenergie ΔQ_σ reversibel an σ abgibt, ist $\Delta S_\Sigma = -\Delta Q_\sigma / T_0$. Für σ lautet dann der erste Hauptsatz

$$\Delta U_\sigma = \Delta Q_\sigma - P_0\,\Delta V_\sigma \tag{2.8}$$

und aus Gl. (2.7) folgt mit (2.8)

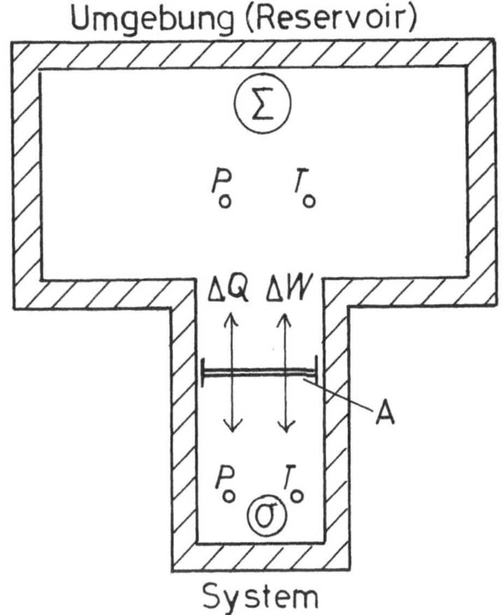

Abb. 2.2 Zur Minimaleigenschaft der freien Enthalpie. Ein kleines System σ befindet sich im Temperatur- und Druckgleichgewicht mit einem großen Σ. A ist eine reibungsfrei verschiebbare diathermische Wand. σ und Σ bilden zusammen ein abgeschlossenes System

$$\Delta S_{\text{ges}} = \Delta S_\sigma - \Delta Q_\sigma / T_0 = T_0^{-1}[T_0\,\Delta S_\sigma - \Delta U_\sigma - P_0\,\Delta V_\sigma] \geq 0. \tag{2.9}$$

Die freie Enthalpie von σ ist (s. Gl. 2.4)

$$G_\sigma = U_\sigma - T_0\,S_\sigma + P_0\,V_\sigma \tag{2.10}$$

mit

$$\Delta G_\sigma = \Delta U_\sigma - T_0\,\Delta S_\sigma - S_\sigma\,\Delta T_0 + P_0\,\Delta V_\sigma + V_\sigma\,\Delta P_0. \tag{2.11}$$

Im Gleichgewicht ist aber $\Delta T_0 = \Delta P_0 = 0$ und somit

$$\Delta G_\sigma = \Delta U_\sigma - T_0\,\Delta S_\sigma + P_0\,\Delta V_\sigma. \tag{2.12}$$

Das ist gerade das Negative der eckigen Klammer in Gl. (2.9). Weil diese Klammer nach dem zweiten Hauptsatz nur zunehmen kann, wird G_σ im Gleichgewicht also minimal:

$$\boxed{\Delta G_\sigma \leq 0 \quad \text{bzw.} \quad G_\sigma^{\text{Glgw}} = \text{Minimum.}} \tag{2.13}$$

Stellt man bei einem Prozess fest, dass sich G_σ nicht mehr ändert, dann kann man sicher sein, das Gleichgewicht erreicht zu haben. Eine ähnliche Argumentation gilt auch für alle anderen thermodynamischen Potenziale.

Wir haben in diesem Kapitel gezeigt, welches Potenzial man für einen gegebenen Prozess am einfachsten auswählt. Im folgenden Kapitel werden wir besprechen, wie man diese Potenziale berechnen kann.

3 Die Berechnung thermodynamischer Potenziale

Die im vorigen Kapitel definierten thermodynamischen Potenziale können sämtlich mit geeigneten Kalorimetern gemessen werden (s. z. B. Franz X. Eder, „Arbeitsmethoden der Thermodynamik", Berlin 1983). Die wichtigsten und am häufigsten benutzten Potenziale sind die innere Energie U, die Enthalpie H, die freie Energie F und die freie Enthalpie G. Öfters braucht man auch das große Potenzial $J = U - TS - \mu N$. Wir werden in diesem Kapitel zeigen, wie man theoretische Ausdrücke für solche Potenziale gewinnen kann. Man macht sich zunächst ein vereinfachtes Modell der oft recht komplexen Wirklichkeit: zum Beispiel ein ideales Gas, einen idealen Kristall oder einen idealen Magneten usw. [2]. Worin solche Idealisierungen jeweils bestehen, das findet man in den Lehrbüchern der Thermodynamik, (z. B. K. Stierstadt, „Thermodynamik" und „Thermodynamik für das Bachelor-Studium, Berlin 2010 und 2018, oder [1]). Für ein solches Modell kennt man im Allgemeinen die möglichen Energiezustände E_i, die **Makrozustände** des Systems und auch die Anzahlen der zu jedem Makrozustand gehörigen **Mikrozustände.** Als Beispiel zeigt die Abb. 3.1 die Energieverteilung $\omega(\varepsilon_i)$, das heißt, die Zahl ω der verschiedenen Energiezustände eines Atoms eines idealen Gases bei der Energie ε_i.

Zunächst zur inneren Energie U: Wenn sich das System bei konstanter Temperatur, das heißt im **Wärmebad** seiner Umgebung befindet, kann es durch Zusammenstöße der Atome Wärmeenergie mit dieser Umgebung austauschen. Die innere Energie des Systems wird dann also im Lauf der Zeit um einen Mittelwert $<U>$ schwanken. Ein solcher Mittelwert ist nach den Regeln der Wahrscheinlichkeitsrechnung gegeben durch die Summe der Einzelwerte U_i, multipliziert mit der jeweiligen Wahrscheinlichkeit $\mathcal{P}_i$ dieses Wertes: $<U> = \sum_i U_i \mathcal{P}_i$. Die Wahrscheinlichkeit

K. Stierstadt, *Thermodynamische Potenziale und Zustandssumme*, essentials, https://doi.org/10.1007/978-3-658-28993-5_3

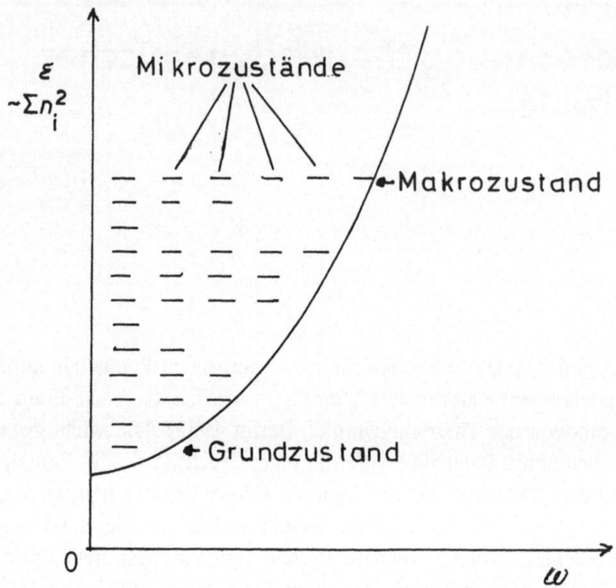

Abb. 3.1 Energiezustände eines Gasatoms in einem kleinen Behälter. Hier ist die Anzahl ω der Möglichkeiten als Funktion ihrer Energie aufgetragen, diese auf die Freiheitsgrade des Atoms zu verteilen. Die Energie ε ist proportional zur $\sum n_i^2$ mit den Quantenzahlen $n_i = 1, 2, 3$, usw. [1]. Die einzelnen Energiezustände heißen Mikrozustände. Ihre Gesamtheit bei einer bestimmten Energie ist ein Makrozustand. Die durchgezogene Kurve ist eine Mittelung über $\varepsilon(\omega)$

ist für ein System konstanter Temperatur durch den bekannten **Boltzmann-Faktor** geben, der im Anhang A hergeleitet wird:

$$\boxed{\mathcal{P}_\mathrm{s} = \frac{\mathrm{e}^{-U_\mathrm{s}/(kT)}}{\sum\limits_\mathrm{s} \mathrm{e}^{-U_\mathrm{s}/(kT)}} \equiv \frac{\mathrm{e}^{-U_\mathrm{s}/(kT)}}{Z}.} \tag{3.1}$$

Die Summe im Nenner wird als **Zustandssumme** Z über alle Energiezustände s bezeichnet (englisch: partition function). Mit der Wahrscheinlichkeit (Gl. 3.1) erhält man den folgenden Mittelwert der inneren Energie des Systems:

$$\langle U \rangle = \sum_s U_s \mathcal{P}_s = \frac{\sum U_s \mathrm{e}^{-U_s/(kT)}}{\sum \mathrm{e}^{-U_s(kT)}} \equiv \frac{\sum U_s \mathrm{e}^{-U_s(kT)}}{Z}. \tag{3.2}$$

Hier erkennt man mit etwas Glück im Zähler die negative Ableitung des Nenners nach $(kT)^{-1}$. Das führt zu der Beziehung

$$\boxed{\langle U\rangle = -\frac{1}{Z}\frac{\partial Z}{\partial (kT)^{-1}} = -\frac{\partial \ln Z}{\partial (kT)^{-1}} = kT^2\frac{\partial \ln Z}{\partial T}.} \tag{3.3}$$

Damit haben wir die innere Energie U eines Systems im Wärmebad der Temperatur T auf seine Zustandssumme Z zurückgeführt. Und diese hängt, wie wir im Anhang B sehen können, von den Eigenschaften der Atome ab, von ihrer Masse, ihrer Energie, ihrer elektrischen Ladung, ihrem magnetischen Moment usw.

Als Nächstes berechnen wir die Entropie aus der Zustandssumme. Dazu betrachten wir das vollständige Differenzial von $\ln Z(T, V, N)$ und setzen zur Abkürzung $(kT)^{-1} \equiv \beta$:

$$\mathrm{d}\ln Z(\beta, V, N) = \frac{\partial \ln Z}{\partial \beta}\mathrm{d}\beta + \frac{\partial \ln Z}{\partial V}\mathrm{d}V + \frac{\partial \ln N}{\partial N}\mathrm{d}N. \tag{3.4}$$

Die drei partiellen Ableitungen lauten (s. Gl. 1.5), $U = TS - PV + \mu N$:

$$\frac{\partial \ln Z}{\partial \beta} = \frac{1}{Z}\frac{\partial Z}{\partial \beta} = -\frac{1}{Z}\sum_{\mathrm{s}} U_{\mathrm{s}}\mathrm{e}^{-\beta U_{\mathrm{s}}} = -\sum_{\mathrm{s}} U_{\mathrm{s}}\mathcal{P}_{\mathrm{s}} = -\langle U_{\mathrm{s}}\rangle = -U, \tag{3.5}$$

$$\frac{\partial \ln Z}{\partial V} = \frac{1}{Z}\frac{\partial Z}{\partial V} = -\frac{\beta}{Z}\sum_{\mathrm{s}} \frac{\partial U_{\mathrm{s}}}{\partial V}\mathrm{e}^{-\beta U_{\mathrm{s}}} = -\beta\left\langle \frac{\partial U_{\mathrm{s}}}{\partial V}\right\rangle = \beta P, \tag{3.6}$$

$$\frac{\partial \ln Z}{\partial N} = \frac{1}{Z}\frac{\partial Z}{\partial N} = -\frac{\beta}{Z}\sum_{s} \frac{\partial U_{s}}{\partial N}\mathrm{e}^{-\beta U_{\mathrm{s}}} = -\beta\left\langle \frac{\partial U_{\mathrm{s}}}{\partial N}\right\rangle = -\beta \mu. \tag{3.7}$$

Mit diesen drei Beziehungen wird Gl. (3.4) zu

$$\partial \ln Z = -U\mathrm{d}\beta + \beta P\mathrm{d}V - \beta\mu\mathrm{d}N. \tag{3.8}$$

Das schreiben wir etwas um:

$$\mathrm{d}(\ln Z + \beta U) = \beta(\mathrm{d}U + P\mathrm{d}V - \mu\mathrm{d}N) = \frac{1}{k}\left(\frac{\mathrm{d}U}{T} + \frac{P}{T}\mathrm{d}V - \frac{\mu}{T}\mathrm{d}N\right). \tag{3.9}$$

Und diesen Ausdruck vergleichen wir mit der Beziehung

$$\mathrm{d}S = \frac{\mathrm{d}U}{T} + \frac{P}{T}\mathrm{d}V - \frac{\mu}{T}\mathrm{d}N, \tag{3.10}$$

die wir durch Umstellen von Gl. (1.5) für die Änderung dU der inneren Energie gewonnen haben. Nun sehen wir, dass die rechte Seite von (Gl. 3.10) mit der letzten Klammer von (Gl. 3.9) übereinstimmt. Daraus folgt

$$\mathrm{d}S = k\mathrm{d}\left(\ln Z + \frac{U}{kT}\right) \tag{3.11}$$

und die Integration ergibt

$$S = k\ln Z + \frac{U}{T} + const. \tag{3.12}$$

Mit Hilfe des dritten Hauptsatzes der Thermodynamik, $S\ (T \to 0) \to 0$, kann man zeigen, dass die Konstante verschwindet: Für $T \to 0$ hat das System nur die Grundzustandsenergie U_0. Dann wird $Z_0 = e^{-\beta U_0}$, $\ln Z_0 = -\beta U_0$ und $U_0/T = -k\ln Z_0$. Das bedeutet nach Gl. (3.12) mit $const. = 0$ aber $S = 0$, wie es für $T = 0$ sein soll. Nun ersetzen wir U in Gl. (3.12) noch durch (Gl. 3.3), $U = kT^2\partial \ln Z/\partial T$, dann folgt

$$\boxed{S = k\left(\ln Z + T\frac{\partial \ln Z}{\partial T}\right).} \tag{3.13}$$

Damit haben wir auch die Entropie vollständig auf die Zustandssumme zurückgeführt. Und diese können wir, wie im Anhang B gezeigt wird, aus einem theoretischen Modell mit den Eigenschaften der Atome berechnen.

Nachdem wir nun $U(Z)$ und $S(Z)$ haben, ist es nicht mehr schwer, auch die anderen thermodynamischen Potenziale durch die Zustandssumme auszudrücken. So gilt mit $F = U - TS$

$$\boxed{F(Z) = kT^2\frac{\partial \ln Z}{\partial T} - kT\left(\ln Z + T\frac{\partial \ln Z}{\partial T}\right) = -kT\ \ln Z,} \tag{3.14}$$

ein sehr einfacher Ausdruck, den man sich gut merken kann. Um H und G zu berechnen brauchen wir noch den Druck als Funktion von Z. Aus Gl. (2.2) folgt $P = -(\partial F/\partial V)_{T,N}$ und mit (Gl. 3.14)

$$P = kT\left(\frac{\partial \ln Z}{\partial V}\right)_{T,N}. \tag{3.15}$$

Damit erhalten wir die Enthalpie

$$\boxed{H = U + PV = kT^2 \left(\frac{\partial \ln Z}{\partial T}\right)_{V,N} + kTV \left(\frac{\partial \ln Z}{\partial V}\right)_{T,N}} \tag{3.16}$$

und die freie Enthalpie

$$\boxed{G = U - ST + PV = -kT \ln Z + kTV \left(\frac{\partial \ln Z}{\partial V}\right)_{T,N}.} \tag{3.17}$$

Für die Praxis ist oft auch noch das große Potenzial (s. Abb. 2.1) nützlich:

$$\boxed{J(T,\, V,\, \mu) = U - ST - \mu N = -kT \, \ln Z_g} \tag{3.18}$$

mit der großen Zustandssumme (s. Anhang A)

$$Z_g = \sum_{\mathrm{s}} \mathrm{e}^{-(U - \mu N)_{\mathrm{s}}/(kT)}. \tag{3.19}$$

Nun haben wir die wichtigsten thermodynamischen Potenziale auf die für jedes Modell berechenbare Zustandssumme zurückgeführt. In ähnlicher Weise lassen sich alle Potenziale behandeln, die man aus den 512 möglichen Kombinationen von Energiebeiträgen in Gl. (1.4) herleiten kann. „But this is a job which only professional theorists wish to contemplate in detail“.

4 Das chemische Potenzial

Wir behandeln in diesem Kapitel das schon in Gl. (1.4) eingeführte sogenannte **chemische Potenzial** μ. „Sogenannt", weil es nicht, wie die übrigen thermodynamischen Potenziale, die Energie eines Körpers unter bestimmten Bedingungen beschreibt. Vielmehr ist μ eine *spezifische Energie,* nämlich als Energie pro Teilchen oder pro Mol definiert. Auch spielt μ nicht nur in der Chemie eine Rolle, sondern auch in der Physik und in der Biologie. Diese spezifische Größe wurde von Gibbs eingeführt und als „inneres Potenzial" oder „Teilchenpotenzial" bezeichnet. Der erste Hauptsatz lautet in der gekürzten Form (Gl. 1.5) bzw. für ein ideales Gas somit $\mathrm{d}U = T\,\mathrm{d}S - P\,\mathrm{d}V + \mu\,\mathrm{d}N$. Die Chemiker haben die Größe μ sehr bald für sich okkupiert und ihr den Beinamen „chemisch" verpasst.

Was bedeutet nun dieses chemische Potenzial? Es ist definiert als die Änderung der inneren Energie eines Systems, wenn man ihm ein Teilchen zuführt, und zwar bei *konstant* gehaltenem *Volumen* und bei *konstanter Entropie:*

$$\boxed{\mu \equiv \left(\frac{\partial U(S,V,N)}{\partial N}\right)_{S,V}.} \tag{4.1}$$

Andererseits ist μ auch die Änderung der freien Enthalpie pro Teilchen bei konstanter Temperatur und konstantem Druck:

$$\mu \equiv \left(\frac{\partial G(T,P,N)}{\partial N}\right)_{T,P}. \tag{4.2}$$

Das sieht man an Gl. (2.4), $\mathrm{d}G = -S\,\mathrm{d}T + V\,\mathrm{d}P + \mu\,\mathrm{d}N$. Beide Definitionen sind äquivalent. Wir berechnen μ zunächst für ein einatomiges ideales Gas und verwenden dazu den umgeschriebenen ersten Hauptsatz Gl. (1.5),

K. Stierstadt, *Thermodynamische Potenziale und Zustandssumme,* essentials,
https://doi.org/10.1007/978-3-658-28993-5_4

$$\mathrm{d}S = \frac{1}{T}\mathrm{d}U + \frac{P}{T}\mathrm{d}V - \frac{\mu}{T}\mathrm{d}N. \tag{4.3}$$

Dies vergleichen wir mit dem vollständigen Differenzial von $S(U, V, N)$:

$$\mathrm{d}S = \left(\frac{\partial S}{\partial U}\right)_{V,N} \mathrm{d}U + \left(\frac{\partial S}{\partial V}\right)_{U,N} \mathrm{d}V + \left(\frac{\partial S}{\partial N}\right)_{U,V} \mathrm{d}N. \tag{4.4}$$

Aus den jeweils letzten Termen von (Gl. 4.3) und (Gl. 4.4) folgt

$$\boxed{\mu = -T\left(\frac{\partial S}{\partial N}\right)_{U,V}.} \tag{4.5}$$

Für die Entropie eines einatomigen idealen Gases liefert die Quantentheorie die Beziehung [1]

$$S(U, V, N) = kN\left(\frac{5}{2} + \ln\frac{V}{N} + \frac{3}{2}\ln\frac{U}{N} + \frac{3}{2}\ln\frac{4\pi m}{3h^2}\right), \tag{4.6}$$

die sogenannte **Sackur-Tetrode-Gleichung.** Hier ist m die Masse eines Gasatoms und h die Planck-Konstante $6{,}63\ldots \cdot 10^{-34}$ Js. Die Herleitung dieser Gleichung findet man in den Lehrbüchern der Thermodynamik [1, 2, 3]. Differenzieren wir Gl. (4.6) nach N, so folgt

$$\begin{aligned}\left(\frac{\partial S}{\partial N}\right)_{U,V} &= k\left(\frac{5}{2} + \ln\frac{V}{N} + \frac{3}{2}\ln\frac{U}{N} + \frac{3}{2}\ln\frac{4\pi m}{3h^2}\right) - \frac{5}{2}k \\ &= k\ln\left[\left(\frac{V}{N}\right)\left(\frac{U}{N}\right)^{3/2}\left(\frac{4\pi m}{3h^2}\right)^{3/2}\right].\end{aligned} \tag{4.7}$$

Für das chemische Potenzial liefert Gl. (4.5) dann

$$\boxed{\mu(U, V, N) = -T\left(\frac{\partial S}{\partial N}\right)_{U,V} = -kT\ln\left[\left(\frac{V}{N}\right)\left(\frac{U}{N}\right)^{3/2}\left(\frac{4\pi m}{3h^2}\right)^{3/2}\right].} \tag{4.8}$$

Ersetzt man hier für das ideale Gas noch U durch $3NkT/2$ (s. [1]), so erhält man für die Temperaturabhängigkeit von μ

$$\boxed{\mu(T, V, N) = -kT\ln\left[\frac{V}{N}(kT)^{3/2}\left(\frac{2\pi m}{h^2}\right)^{3/2}\right].} \tag{4.9}$$

Die Druckabhängigkeit ergibt sich beim Ersetzen von V durch NkT/P aus der idealen Gasgleichung zu

$$\mu(T, V, N) = kT\left\{\ln P - \ln\left[(kT)^{5/2}\left(\frac{2\pi m}{h^2}\right)^{3/2}\right]\right\}. \quad (4.10)$$

Nun wollen wir hier Zahlen einsetzen, um zu sehen wie groß das chemische Potenzial eines idealen Gases ist. Dazu betrachten wir ein Mol Argon bei Normalbedingungen ($T_n = 273{,}15$ K, $P_n = 1{,}01325 \cdot 10^5$ Pa) mit $V = V_{mol} = 2{,}24 \cdot 10^{-2}$ m^3, $N = N_A = 6{,}022 \cdot 10^{23}$ mol^{-1} und $m = 6{,}63 \cdot 10^{-26}$ kg. Mit diesen Zahlen ergibt sich $\mu = -5{,}99 \cdot 10^{-20}$ J/Atom bzw. –0,374 eV/Atom. Das ist betragsmäßig etwa das Zehnfache der mittleren thermischen Energie $3kT/2$. Aber warum ist μ negativ? Warum nimmt die Energie des Systems ab, wenn man ihm ein Teilchen hinzufügt? Das erkennen wir, wenn wir uns die Definition (Gl. 4.4) genauer ansehen. Erhöht man N, so muss nämlich zum Ausgleich U sinken, denn S und V sollen ja nach der Definition (Gl. 4.1) konstant bleiben. Dieses Verhalten von U und S ist in Abb. 4.1 anschaulich dargestellt. Wenn man

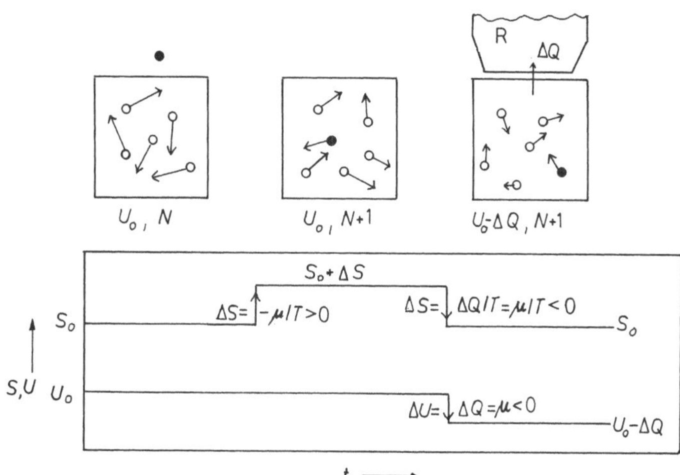

Abb. 4.1 Verlauf der inneren Energie U und der Entropie S beim Hinzufügen eines nackten Teilchens (•) zu einem Vielteilchensystem (o o o). R ist ein Reservoir konstanter Temperatur bzw. die Umgebung. Das Volumen bleibt während des ganzen Vorgangs konstant, μ ist negativ

das verstanden hat, dann verschwindet die sprichwörtliche „Angst des Physikers vor dem chemischen Potenzial“. In der Chemie wird μ übrigens nicht auf ein Teilchen sondern auf ein Mol bezogen. Das ergibt die Größenordnung 10^4 J/mol. Man muss dazu in allen Gleichungen k durch die allgemeine Gaskonstante $R = N_A k$ ersetzen mit der Avogadro-Konstante N_A und erhält die Gaskonstante $R = 8{,}315$ J/(mol·K). Hier ist noch eine Bemerkung wichtig: Wir haben bei der Berechnung von μ die kinetische und die potenzielle Energie des hinzugefügten Teilchens vernachlässigt. Wir haben also ein „nacktes Teilchen“ mit der Energie Null betrachtet. Berücksichtigt man jedoch seine Energie ε, so muss U um ε anwachsen und ebenso der Betrag von μ'; sein Vorzeichen bleibt davon unberührt.

Ein instruktives Beispiel für das negative Vorzeichen des chemischen Potenzials liefert ein ganz einfaches Modell (Abb. 4.2). Die Anzahl ω der Möglichkeiten um q Energiequanten auf N Atome zu verteilen, beträgt nach den Regeln der Kombinatorik (s. Mathematische Formelsammlung) $\omega = (q + N - 1)!/(q!(N - 1)!)$. Für $N = 3$ und $q = 3$ ist $\omega = 10$, und die Entropie beträgt $S = k \ln 10$ (s. [1]). Fügt man ein nacktes Teilchen (ohne Energie) hinzu, so erhöht sich ω mit $N = 4$ und $q = 3$ auf 20 und S auf $k \ln 20$. Soll S aber bei diesem Prozess konstant bleiben, so muss dafür die Zahl der Energiequanten von $q = 3$ auf $q = 2$ abnehmen.

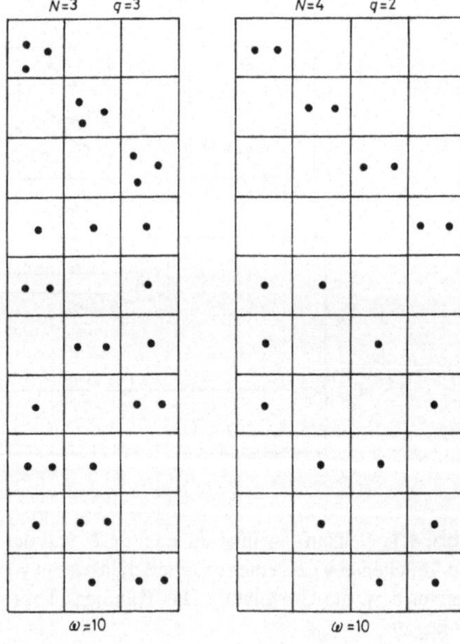

Abb. 4.2 Ein einfaches Modell zur Erläuterung des chemischen Potenzials (□Teilchen, •Energiequant). Bei Zunahme der Teilchenzahl von $N = 3$ auf 4 muss die Energie von $q = 3$ auf 2 sinken, damit ω und S konstant bleiben

Dann wird ω wieder gerade gleich 10. Die Abnahme um $1q$ entspricht gerade dem chemischen Potenzial $\mu = -1q$ pro Teilchen.

Die wichtigste Eigenschaft des chemischen Potenzials ist, wie gesagt, sein Einfluss auf den Austausch von Teilchen in einem System. Der spielt natürlich bei chemischen Reaktionen eine große Rolle, ebenso in der Physik in der Osmose, bei Mischungen, Lösungen und Legierungen. Sind die μ-Werte von zwei wechselwirkenden Systemen bzw. von zwei Körpern im Kontakt verschieden, so fließen Teilchen vom Objekt mit größerem chemischen Potenzial zu dem mit kleinerem. Die Ursache dafür ist wieder der zweite Hauptsatz der Thermodynamik. Das ist in Abb. 4.3 erklärt: Zwei gasgefüllte Behälter $\sum_1$ und $\sum_2$ sind durch ein Rohr mit einem Hahn miteinander verbunden. Sie haben gleiche Temperatur und konstantes Volumen, aber sie enthalten Teilchen mit verschiedenem chemischen Potenzial, $\mu_2 > \mu_1$. Nach dem zweiten Hauptsatz gilt für die Entropie, wenn man den Hahn öffnet

$$dS = dS_1 + dS_2 \geq 0. \tag{4.11}$$

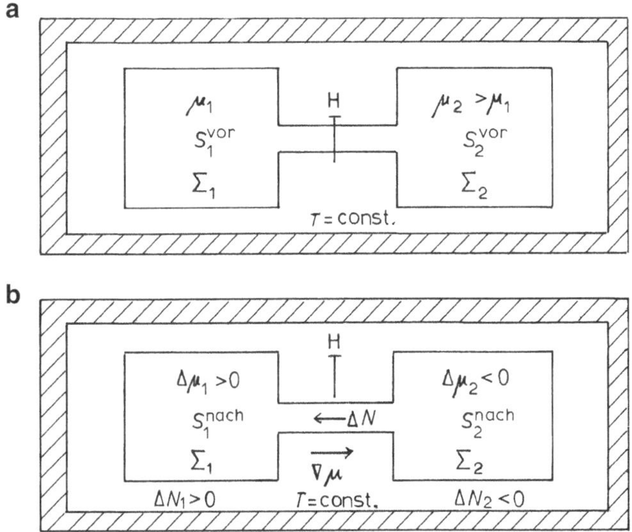

Abb. 4.3 Zur Entropieänderung eines isotherm gekoppelten Systems von zwei Gasbehältern $\sum_1$ und $\sum_2$ mit einem Gradienten des chemischen Potenzials zwischen beiden. Nach Öffnen des Hahns geht Zustand (a) in (b) über und die chemischen Potenziale werden einander gleich

Mit $\mu = -T(\partial S/\partial N)_{U,V}$ nach (Gl. 4.5)wird daraus

$$TdS = -\mu_1 dN_1 - \mu_2 dN_2 \geq 0. \tag{4.12}$$

Weil die Teilchenzahl im Gesamtsystem nach Öffnen des Hahnes konstant bleiben soll, gilt $dN_1 = -dN_2$ und

$$(\mu_1 - \mu_2)dN_2 \geq 0. \tag{4.13}$$

Ist $\mu_2 > \mu_1$ wie in der Abbildung, so muss $dN_2 < 0$ sein. Das heißt, nach dem zweiten Hauptsatz: Teilchen fließen von dem System mit dem größeren chemischen Potenzial zu dem mit kleinerem.

Im Gleichgewicht wird das chemische Potenzial in beiden Teilsystemen von Abb. 4.3 gleich groß. Das kann man folgendermaßen einsehen: Aus Gl. (1.5) folgt für konstantes V

$$dU = TdS + \mu dN. \tag{4.14}$$

Und im Gleichgewicht ist nach dem zweiten Hauptsatz $dS = 0$, also $dU = \mu\, dN$. Das vollständige Differenzial von $S\ (U, N)$ für konstantes V lautet dann

$$dS(U,N) = \frac{\partial S}{\partial U}dU + \frac{\partial S}{\partial N}dN = \frac{\partial S}{\partial U}\mu dN + \frac{\partial S}{\partial N}dN \tag{4.15}$$

und

$$\frac{dS}{dN} = \frac{\partial S}{\partial U}\mu + \frac{\partial S}{\partial N} \tag{4.16}$$

sowie für $dS = dS_1 + dS_2$, $dN_1 = -dN_2$ und $dU_1 = -dU_2$

$$\frac{dS}{dN_1} = \frac{\partial S_1}{\partial U_1}\mu_1 - \frac{\partial S_2}{\partial U_2}\mu_1 + \frac{\partial S_1}{\partial N_1} - \frac{\partial S_2}{\partial N_2}. \tag{4.17}$$

Nun setzen wir nach dem ersten Hauptsatz für $dV = dN = 0$ das Differenzial $\partial S_i/\partial U_i = 1/T_i$ und $\partial S_i/\partial N_i = -\mu_i/T_i$ (s. Gl. 4.5). Dann erhalten wir anstatt Gl. (4.17)

$$\frac{dS}{dN_1} = \frac{\mu_1}{T_1} - \frac{\mu_1}{T_2} - \frac{\mu_1}{T_1} + \frac{\mu_2}{T_2} = \frac{\mu_2 - \mu_1}{T_2}. \tag{4.18}$$

Im Gleichgewicht, für $dS = 0$, ist also

$$\boxed{\mu_2 = \mu_1.} \tag{4.19}$$

Außerdem sind im Gleichgewicht bekanntlich die Potenziale U, F, H, G usw. minimal, wie wir im Kap. 2 gesehen haben.

In der Gl. (1.4) hatten wir festgestellt, dass die innere Energie eines Körpers außer von der Temperatur, vom Druck und von der Teilchenzahl noch von einer ganzen Reihe anderer Parameter abhängen kann, je nach dem, ob diese für ein Problem relevant sind oder nicht. Man definiert in diesem Fall „erweiterte chemische Potenziale" die auch Beiträge der anderen Energieterme, außer μN, enthalten. Für Teilchen der Masse m im Gravitationsfeld ergibt sich so das **gravitochemische Potenzial**

$$\mu_{\mathrm{g}} = \mu + m\phi_{\mathrm{g}} \tag{4.20}$$

mit dem Gravitationspotenzial $\phi_{\mathrm{g}} = G_{\mathrm{g}}M/r$ (G_{g} Gravitationskonstante, M Masse des anziehenden Körpers, r Abstand des Teilchens von dessen Massenmittelpunkt). Ebenso definiert man das **elektrochemische** und das **magnetochemische Potenzial:**

$$\mu_{\mathrm{e}} = \mu + q\phi_{\mathrm{e}} \tag{4.21}$$

Und

$$\mu_{\mathrm{m}} = \mu - \boldsymbol{M}_{\mathrm{m}} \cdot \boldsymbol{B} \tag{4.22}$$

(Bezeichnungen siehe Gl. 1.4). Das μ ohne Index ist überall das normale chemische bzw. das Teilchenpotenzial. Das gravitochemische braucht man in der Astrophysik, das elektrochemische in der Halbleitertechnik und das magnetochemische bei der magnetischen Datenverarbeitung in Festplatten und Bandspeichern.

Maxwell-Beziehungen und Suszeptibilitäten

5

Die thermodynamischen Potenziale haben, außer ihrer Bedeutung für den Vergleich zwischen Experiment und Theorie (s. Kap. 2), noch eine andere sehr nützliche Eigenschaft: Ihre gemischten zweiten Ableitungen nach den intensiven Variablen liefern interessante Zusammenhänge zwischen verschiedenen **Suszeptibilitäten** bzw. **Response-Funktionen** (vom lateinischen: suscipere, aushalten und respondere, antworten). Darunter versteht man Kenngrößen, welche die Reaktion einer Stoffeigenschaft auf eine Änderung der äußeren Parameter (T, P, μ, $\boldsymbol{B}$ usw.) beschreiben. Beispiele sind die Wärmekapazität, der Ausdehnungskoeffizient, die magnetische Permeabilität, die Dielektrizitätskonstante usw. Um zu verstehen, wie man solche Suszeptibilitäten aus den Potenzialen gewinnt, betrachten wir zunächst eine mathematische Beziehung, nämlich die Ableitung einer stetigen Funktion $z = \mathrm{f}(x, y)$ nach ihren Variablen. Das totale Differenzial von z lautet

$$\mathrm{d}z = \left(\frac{\partial z}{\partial x}\right)_y \mathrm{d}x + \left(\frac{\partial z}{\partial y}\right)_x \mathrm{d}y. \tag{5.1}$$

Nach dem aus der Mathematik bekannten Satz von Hermann Schwartz (1843–1921) gilt nun

$$\left(\frac{\partial}{\partial y}\right)_x \left(\frac{\partial z}{\partial x}\right)_y = \left(\frac{\partial}{\partial x}\right)_y \left(\frac{\partial z}{\partial y}\right)_x \tag{5.2}$$

bzw.

$$\frac{\partial^2 z}{\partial y \partial x} = \frac{\partial^2 z}{\partial x \partial y}. \tag{5.3}$$

Die Reihenfolge der Differenziation kann also bei stetigen Funktionen vertauscht werden, wenn auch ihre ersten Ableitungen stetig sind.

K. Stierstadt, *Thermodynamische Potenziale und Zustandssumme*, essentials, https://doi.org/10.1007/978-3-658-28993-5_5

Nun wenden wir das auf unsere Potenziale U, F, H und G an, zunächst nur für die Wärme- und die Volumenenergie, die ersten beiden Terme in Gl. (1.4). Für die innere Energie erhalten wir nach dem Verfahren in Gl. (5.1) bis (5.3) für $U(S, V)$ und

$$dU = TdS - PdV = \left(\frac{\partial U}{\partial S}\right)_V dS + \left(\frac{\partial U}{\partial V}\right)_S dV \tag{5.4}$$

die beiden Zusammenhänge

$$\frac{\partial^2 U}{\partial V \partial S} = \left(\frac{\partial T}{\partial V}\right)_S \quad \text{und} \quad \frac{\partial^2 U}{\partial S \partial V} = -\left(\frac{\partial P}{\partial S}\right)_V \tag{5.5}$$

sowie nach Gl. (5.3) dann

$$\boxed{\left(\frac{\partial T}{\partial V}\right)_S = -\left(\frac{\partial P}{\partial S}\right)_V.} \tag{5.6}$$

Diese Beziehungen nennt man **Maxwell-Relationen** nach James C. Maxwell (1831–1879). Hier erkennen wir links den Kehrwert einer bekannten Suszeptibilität, nämlich des thermischen Ausdehnungskoeffizienten $\alpha \equiv (\partial V/\partial T)/V$ [1]. Es gilt dann

$$\left(\frac{\partial T}{\partial V}\right)_s = \frac{1}{\alpha_s V}. \tag{5.7}$$

Man kann daher die schwer messbar Größe $(\partial P/\partial S)_V$ auf der rechten Seite von Gl. (5.6) durch Bestimmung der viel leichter messbaren Volumenänderung α gewinnen. Allerdings muss man dabei die Entropie konstant halten, was experimentell nicht ganz einfach ist.

Nach diesem Rezept gewinnen wir auch die Maxwell-Relationen für die übrigen Potenziale F, H und G. Es gilt nach Gl. (2.2) $dF = -S\,dT - P\,dV$ bei konstantem N

$$\left(\frac{\partial F}{\partial T}\right)_V = -S \quad \text{und} \quad \left(\frac{\partial F}{\partial V}\right)_T = -P \tag{5.8}$$

sowie

$$\frac{\partial^2 F}{\partial V \partial T} = -\left(\frac{\partial S}{\partial V}\right)_T \quad \text{und} \quad \frac{\partial^2 F}{\partial T \partial V} = -\left(\frac{\partial P}{\partial T}\right)_V \tag{5.9}$$

und schließlich

$$\boxed{\left(\frac{\partial S}{\partial V}\right)_T = \left(\frac{\partial P}{\partial T}\right)_V.} \tag{5.10}$$

Hier erscheint auf der rechten Seite der leicht messbare Spannungskoeffizient $\beta \equiv (\partial P/\partial T)/P$ [1], und wir haben für die schwer messbare Volumenänderung der Entropie

$$\left(\frac{\partial S}{\partial V}\right)_T = P\beta_V. \tag{5.11}$$

Dasselbe Verfahren ergibt für die Enthalpie nach Gl. (2.3), $\mathrm{d}H = T\,\mathrm{d}S + V\,\mathrm{d}P$,

$$\boxed{\left(\frac{\partial T}{\partial P}\right)_S = \left(\frac{\partial V}{\partial S}\right)_P.} \tag{5.12}$$

Und für die freie Enthalpie folgt mit $\mathrm{d}G = -S\,\mathrm{d}T + V\,\mathrm{d}P$ (Gl. 2.4)

$$\boxed{\left(\frac{\partial S}{\partial P}\right)_T = -\left(\frac{\partial V}{\partial T}\right)_P.} \tag{5.13}$$

In den letzten beiden Gleichungen treten wieder der Spannungs- und der Ausdehnungskoeffizient auf. Sie können daher zur Bestimmung der entsprechenden Entropievariationen benutzt werden.

Betrachtet man nun anstelle unserer abgekürzten Potenziale mit nur zwei Energiebeiträgen eine um die magnetische Energie erweitertes (s. Gl. 1.4), so gibt es zwei zusätzliche Maxwell-Beziehungen. Dann folgt zum Beispiel aus

$$\mathrm{d}U = T\mathrm{d}S - P\mathrm{d}V + \boldsymbol{B} \cdot \mathrm{d}\boldsymbol{M}_\mathrm{m} \tag{5.14}$$

für $\boldsymbol{B} \parallel \boldsymbol{M}_\mathrm{m}$

$$\left(\frac{\partial U}{\partial S}\right)_{V,M_\mathrm{m}} = T, \left(\frac{\partial U}{\partial V}\right)_{S,M_\mathrm{m}} = -P, \left(\frac{\partial U}{\partial M_\mathrm{m}}\right) = B \tag{5.15}$$

sowie

$$-\left(\frac{\partial P}{\partial M_\mathrm{m}}\right)_S = \left(\frac{\partial B}{\partial V}\right)_S \quad \text{und} \quad \left(\frac{\partial T}{\partial M_\mathrm{m}}\right)_V = \left(\frac{\partial B}{\partial S}\right)_V. \tag{5.16}$$

Der Quotient $\partial V/\partial B$ ist gleich $V\omega$ mit der leicht messbaren Volumenmagnetostriktion $\omega \equiv (\partial V/\partial B)/V$ und kann zur Bestimmung der Druckabhängigkeit der Magnetisierung $\partial M_{\mathrm{m}}/\partial P$ nützlich sein. Und die Änderung der Magnetisierung mit der Temperatur, $\partial M_{\mathrm{m}}/\partial T$, lässt sich leichter bestimmen als die Magnetfeldabhängigkeit der Entropie $\partial S/\partial B$. Ähnliche Beziehungen erhält man auch für alle anderen, in den Potenzialen vorkommenden Energieterme aus Gl. (1.4).

Ganz allgemein gibt es für x solcher Energieterme $x(x-1)/2$ Maxwell-Beziehungen. Für die 9 Beiträge in Gl. (1.4) sind das 36 Relationen. Und wofür kann man die alle gebrauchen? Nun, um die eine oder andere schwer messbare Suszeptibilität wie zum Beispiel $\partial S/\partial B$ durch eine leichter messbare zu ersetzen. Eine Übersicht über viele dieser Beziehungen findet man zum Beispiel in [5]. Die thermodynamischen Potenziale liefern, wie wir gesehen haben, einen. nützlichen Zugang zu allen denkbaren Suszeptibilitäten bzw. Response-Eigenschaften.

Was Sie aus diesem *essential* mitnehmen können

- Die thermodynamischen Potenziale sind spezielle Energiefunktionen für einen Körper oder ein System, die alle relevanten Anteile der als Wärme oder als Arbeit austauschbaren Energie enthalten, mechanische, elektrische, chemische usw.
- Diese Potenziale sind so formuliert, dass ein Vergleich zwischen Experiment und Theorie unter den gegebenen Umständen besonders einfach ist. Das wird durch die spezielle Wahl der abhängigen und unabhängigen Variablen der Energieanteile gewährleistet. In Physik, Technik, Chemie und Biologie sind daher jeweils unterschiedliche Potenziale gebräuchlich.
- Die thermodynamischen Potenziale lassen sich aus der Zustandssumme des betreffenden Systems berechnen. Dies ist die Summe aller Boltzmann-Faktoren eines Systems über alle erlaubten mikroskopischen Energiezustände.
- Sind diese Energiezustände aus der Quantenphysik bekannt, so lässt sich die Zustandssumme auf die Eigenschaften der Atome zurückführen und aus diesen berechnen. Beispiele dafür finden sich im Anhang B.

K. Stierstadt, *Thermodynamische Potenziale und Zustandssumme*, essentials, https://doi.org/10.1007/978-3-658-28993-5

Anhang A: Systeme im Wärmebad und Boltzmann-Faktor

Bei der Berechnung der thermodynamischen Potenziale aus den Eigenschaften der Atome haben wir im Kap. 3 dieses *essentials* die Boltzmann-Wahrscheinlichkeit $\mathcal{P}_s$ und die Zustandssumme Z verwendet:

$$\mathcal{P}_s = \frac{\mathcal{P}'}{Z} = \frac{e^{-E_s/(kT)}}{Z} \tag{A.1}$$

mit

$$\boxed{Z = \sum_s e^{-E_s/(kT)}.} \tag{A.2}$$

Dabei ist $\mathcal{P}'$ die unnormierte Wahrscheinlichkeit, ein System im Quantenzustand s zu finden. Wir verwenden hier E statt U für die Energie, weil man als System oft auch nur ein einzelnes Atom betrachtet, bei dem man nicht von innerer Energie spricht.

Nun wollen wir lernen, was diese Beziehungen bedeuten und wie man zu ihnen kommt. Dazu betrachten wir ein kleines System a in thermischem Kontakt mit einem sehr viel größeren System A bzw. im Wärmebad mit seiner Umgebung (Abb. A.1a). Denken Sie zum Beispiel an ein Sandkorn in einem See. Die Atomzahlen in beiden Systemen seien $N_A \gg N_a$. Das Gesamtsystem $A^* = (A + a)$ sei abgeschlossen und die Temperatur im Gleichgewicht $T^* = T_A = T_a$. Die gesamte Energie des Systems, $E^* = E_A + E_a$, ist dann konstant, während E_A und E_a selbst schwanken können, $\Delta E_A = -\Delta E_a$. In Abb. A.1b sind die Energieniveaus der beiden Systeme als Funktion ihrer Zustandszahlen Ω_A und Ω_a dargestellt [1]. Beim großen System A sind die Niveauabstände viel kleiner als beim kleinen, weil sie zum Beispiel für ein ideales Gas proportional zum

K. Stierstadt, *Thermodynamische Potenziale und Zustandssumme*, essentials, https://doi.org/10.1007/978-3-658-28993-5

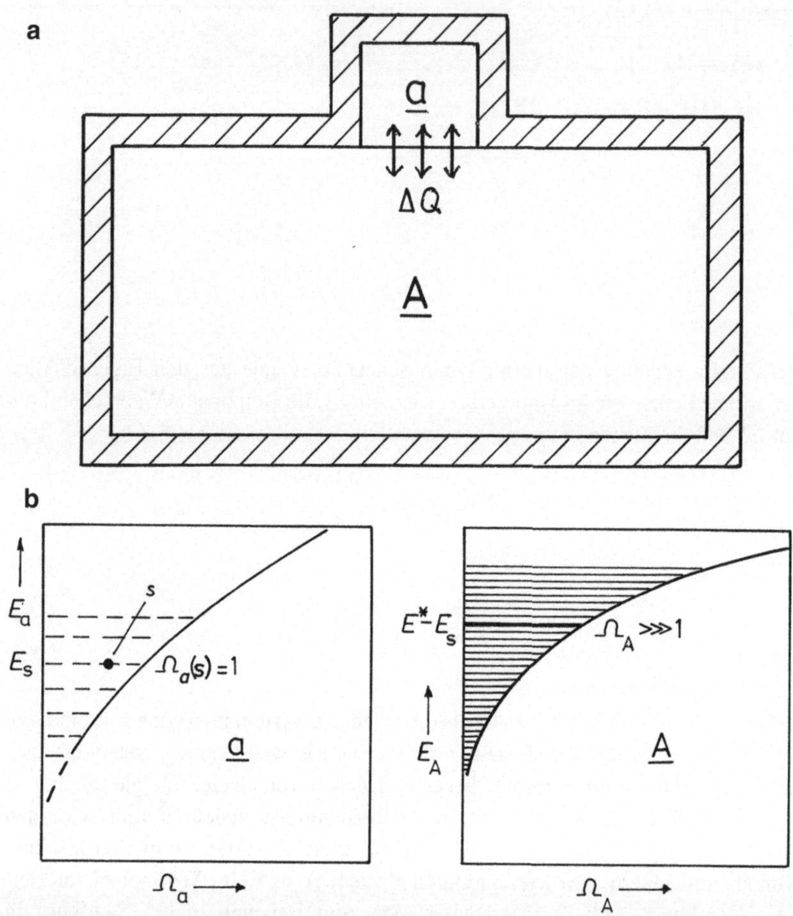

Abb. A.1 Thermische Wechselwirkung zwischen zwei Systemen unterschiedlicher Größe; **a** Skizze der Anordnung, **b** Energieschemata der beiden Systeme a und A

Kehrwert des Volumens, $V^{-2/3}$ sind [1]. Wenn sich nun das kleine System a in einem bestimmten Quantenzustand s befindet, dann muss das große die Energie $E_A = E^* - E_s$ besitzen. Für die Zustandszahlen gilt dann $\Omega_a(E_{a)} = \Omega_a(E_s)$ und $\Omega_A(E_A) = \Omega_A(E^* - E_s)$. Die Wahrscheinlichkeit $\mathcal{P}_s$ für die Existenz dieses Zustands ist wegen [1]

$$\Omega^* = \Omega_a \cdot \Omega_A, \tag{A.3}$$

proportional zu Ω_A:

$$\mathcal{P}_s = c \cdot \Omega_A(E^* - E_s). \tag{A.4}$$

Die Konstante c werden wir gleich aus der Normierungsbedingung $\sum_s \mathcal{P}_s = 1$ berechnen. Zunächst wollen wir jedoch die Zustandszahl Ω_A für $E_s \ll E^*$ durch E_s selbst ausdrücken (dieser Trick stammt von Maxwell). Dazu entwickeln wir $\ln \Omega_A$ um E^* herum in eine Taylor-Reihe,

$$\ln\left[\Omega_A(E^* - E_s)\right] \approx \ln\left[\Omega_A(E^*)\right] + \frac{\partial \ln \Omega_A}{\partial E_A} E_s, \tag{A.5}$$

und es gilt $\partial \ln \Omega_A / \partial E_A = (kT)^{-1}$ [1]. Aus der Näherung (Gl. A.5) wird damit

$$\ln\left[\Omega_A(E^* - E_s)\right] = \ln\left[\Omega_A(E^*)\right] - \frac{E_s}{kT} \tag{A.6}$$

und delogarithmiert

$$\Omega_A(E^* - E_s) = \Omega_A(E^*) \cdot e^{-E_s/(kT)}. \tag{A.7}$$

Dies eingesetzt in Gl. (A.4) ergibt

$$\mathcal{P}_s = c \cdot \Omega_A(E^*) e^{-E_s/(kT)} \equiv c' \cdot e^{-E_s/(kT)} \tag{A.8}$$

mit einer neuen Konstante $c' = c\, \Omega_A(E^*)$. Diese bestimmen wir aus der Normierungsbedingung der Wahrscheinlichkeiten

$$\sum_s \mathcal{P}_s = c' \sum_s e^{-E_s/(kT)} = 1 \tag{A.9}$$

und erhalten

$$c' = \frac{1}{\sum_s e^{-E_s/(kT)}}. \tag{A.10}$$

Damit wird die gesuchte und normierte Wahrscheinlichkeit eines Zustands s des kleinen Systems a im Reservoir

$$\boxed{\mathcal{P}_s = \frac{e^{-E_s/(kT)}}{\sum_s e^{-E_s/(kT)}} \equiv \frac{e^{-E_s/(kT)}}{Z}} \tag{A.11}$$

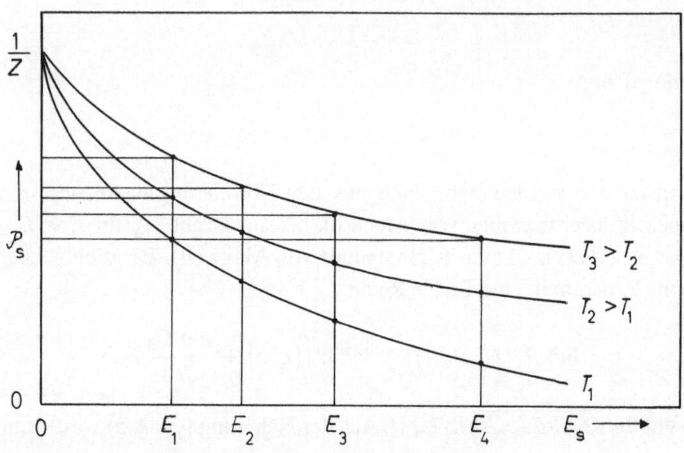

Abb. A.2 Boltzmann-Wahrscheinlichkeit $\mathcal{P}_s$ für die Energie der Zustände s eines keinen Systems im Wärmebad eines großen bei verschiedenen Temperaturen

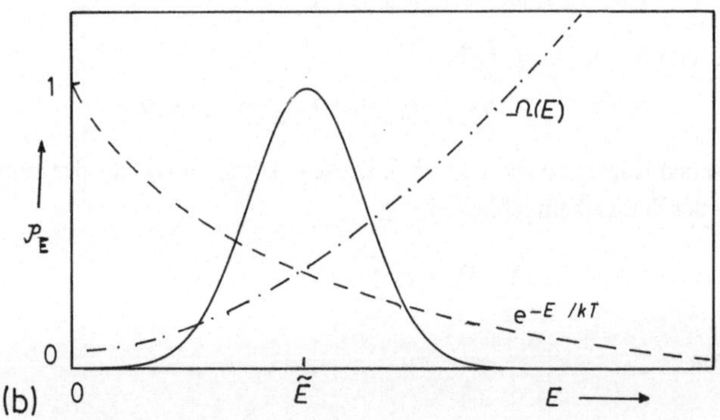

Abb. A.3 Boltzmann-Verteilung der Energien eines Mikrozustands

mit der Zustandssumme Z. Das ist eine der nützlichsten Formeln der Thermodynamik, die **Boltzmann-Wahrscheinlichkeit** oder **Boltzmann-Verteilung** eines Zustands s. Der Zähler in Gl. (A.11) heißt **Boltzmann-Faktor.** Die Zustandssumme Z (englisch: partition function) ist über alle dem kleinen System erlaubten Mikrozustände zu nehmen. In Abb. A.2 ist die Energieabhängigkeit der Boltzmann-Verteilung für verschiedene Temperaturen dargestellt. Je höher die Energie ist, desto seltener kommt ein bestimmter Zustand vor. Und je höher die Temperatur, desto wahrscheinlicher ist er besetzt. Bei $E=0$ ist $\mathcal{P}_s$ nach Gl. (A.11) gleich $1/Z$.

In der Praxis ist man nicht so oft an der Wahrscheinlichkeit $\mathcal{P}_s$ für einen bestimmten Mikrozustand eines Systems interessiert, sondern an derjenigen $\mathcal{P}_E$ für eine bestimmte Energie E. Ein solcher Makrozustand besteht aus sehr vielen, nämlich $\Omega(E)$ Mikrozuständen (s. Abb. 3.1). Wir müssen also $\mathcal{P}_s$ mit $\Omega(E)$ multiplizieren, um die Wahrscheinlichkeit $\mathcal{P}_E$ zu erhalten:

$$\boxed{\mathcal{P}_E = \Omega(E)\frac{\mathrm{e}^{-E_s/(kT)}}{Z}.} \tag{A.12}$$

Dies ist die **Boltzmann-Verteilung der Energie.** Setzen wir hier $\Omega = \mathrm{e}^{S/k}$ mit der Entropie $S = k \ln \Omega$, so folgt

$$\mathcal{P}_E = \frac{\mathrm{e}^{-(E-TS)/(kT)}}{Z}. \tag{A.13}$$

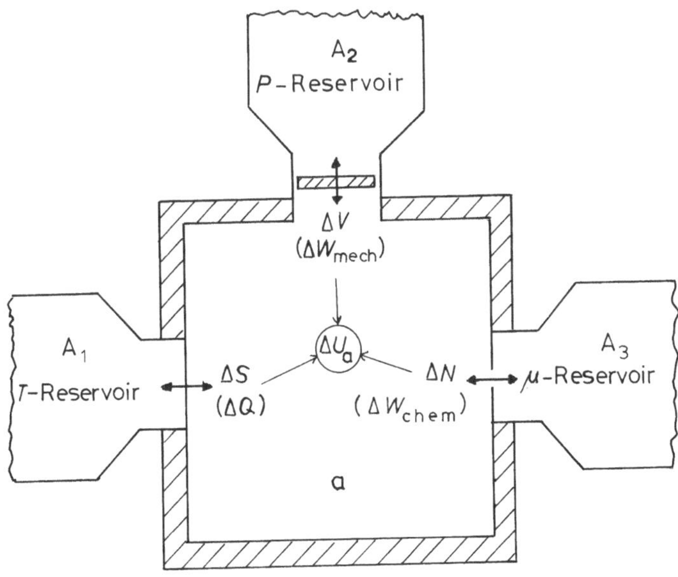

Abb. A.4 Wechselwirkungen eines kleinen Systems mit Reservoiren für T, P und μ

Und die Größe $E - TS$ ist die freie Energie F (s. Kap. 2). Der Verlauf von $\mathcal{P}_E$ mit der Energie E ist in Abb. A.3 dargestellt. Weil Ω mit E im Allgemeinen stark wächst, und weil $e^{-E/(kT)}$ mit E stark abnimmt, durchläuft das Produkt aus beiden ein Maximum bei einer wahrscheinlichsten Energie $\tilde{E}$. Je größer das betrachtete System ist, desto steiler verlaufen $\Omega(E)$ und $e^{-E/(kT)}$, und desto spitzer wird die Funktion $\mathcal{P}_E(E)$.

Bisher haben wir die Energieverteilung eines Systems nur in einer Umgebung bzw. in einem Reservoir von konstanter Temperatur betrachtet. Wie sieht aber eine solche Verteilung bei konstantem Druck aus, bei konstantem chemischen Potenzial oder bei konstantem elektrischen oder magnetischen Feld? In Abb. A.4 ist ein solches System skizziert, das mit drei Reservoiren gleichzeitig Kontakt hat, nämlich bei konstantem T, P und μ. Dabei können Wärme bzw. Entropie, Volumen und Teilchen ausgetauscht werden. Kommen noch elektrische und magnetische Felder ins Spiel, so werden auch elektrische Ladungen und elektrische oder magnetische Momente ausgetauscht.

Haben wir wie in der Abb. A.4 außer dem Wärmebad noch ein P- und μ-Reservoir, so entwickeln wir die Zustandszahlen Ω_A dieser Reservoire wie in Gl. (A.5) für das Gesamtsystem $A^* = \sum A_i + a$ um E^*, V^* und N^* herum. Dann erhalten wir ähnliche Ausdrücke wie (Gl. A.11). Für den kombinierten Wärme- und Volumenaustausch ergibt sich

$$\mathcal{P}_s^{(E,V)} = \frac{e^{-(E+PV)_s/(kT)}}{\sum_s e^{-(E+PV)_s/(kT)}} \equiv \frac{e^{-(E+PV)_s/(kT)}}{Z^{(E,V)}} \tag{A.14}$$

mit der Enthalpie $H = E + PV$ (s. Kap. 2). Für den Wärme- und Teilchenaustausch erhalten wir

$$\mathcal{P}_s^{(E,N)} = \frac{e^{-(E-\mu N)_s/(kT)}}{\sum_s e^{-(E-\mu N)_s/(kT)}} \equiv \frac{e^{-(E-\mu N)_s/(kT)}}{Z^{(E,N)}} \tag{A.15}$$

mit dem großen Potenzial $J = E - \mu N$ (s. Kap. 3). Und für den kombinierten Wärme-, Volumen- und Teilchenaustausch folgt

$$\mathcal{P}_s^{(E,V,N)} = \frac{e^{-(E+PV-\mu N)_s/(kT)}}{\sum_s e^{-(E+PV-\mu N)_s/(kT)}} \equiv \frac{e^{-(E+PV-\mu N)_s/(kT)}}{Z^{(E,V,N)}} \tag{A.16}$$

mit der freien Enthalpie $G = E + PV - \mu N$.

Anhang B: Berechnung von Zustandssummen

Im Kap. 3 hatten wir die Berechnung thermodynamischer Potenziale auf diejenige von Zustandssummen zurückgeführt. Eine solche Summe (englisch: partition function) ist nach Gl. (3.1) folgendermaßen definiert:

$$\boxed{Z = \sum_{s=0}^{\infty} \mathrm{e}^{-E_s/(kT)}.} \tag{B.1}$$

Dabei ist E_s die Energie eines Mikrozustands des Systems (s. Abb. 3.1) und T seine Temperatur. Wie man solche Zustandssummen berechnet, wollen wir an zwei Beispielen zeigen, dem einatomigen idealen Gas und einem idealen Paramagneten.

Zunächst zum idealen Gas. Wir beschränken uns erst auf nur eines seiner Atome. Dessen Energiezustände sind nach [1] $\varepsilon = h^2(n_x^2 + n_y^2 + n_z^2)/(8mV^{2/3})$. Dabei ist h die Planck-Konstante, n_i sind die Quantenzahlen 1, 2, 3 usw., m ist die Atommasse und V das dem Atom zur Verfügung stehende Volumen. Die Zustandssumme eines Atoms (Index 1) lautet dann

$$Z_1 = \sum_{n_i=1}^{\infty} \mathrm{e}^{-\frac{h^2\left(n_x^2+n_y^2+n_z^2\right)}{8mV^{2/3}kT}}. \tag{B.2}$$

Diese Summe lässt sich durch Integrale über n_x, n_y und n_z annähern, wenn man über sehr viele Zustände mit sehr kleinen Energieabständen summiert [1]:

$$Z_1 = \int_0^{\infty} \mathrm{d}n_x \int_0^{\infty} \mathrm{d}n_y \int_0^{\infty} \mathrm{d}n_z \mathrm{e}^{-\frac{h^2\left(n_x^2+n_y^2+n_z^2\right)}{8mV^{2/3}kT}}. \tag{B.3}$$

K. Stierstadt, *Thermodynamische Potenziale und Zustandssumme*, essentials, https://doi.org/10.1007/978-3-658-28993-5

Mit der Abkürzung $\alpha^2 \equiv h^2/(8mV^{2/3}kT)$ fraktioniert dieses Integral in

$$Z_1 = \int_0^\infty \mathrm{e}^{-\alpha n_x^2} \mathrm{d}n_x \int_0^\infty \mathrm{e}^{-\alpha n_y^2} \mathrm{d}n_y \int_0^\infty \mathrm{e}^{-\alpha n_z^2} \mathrm{d}n_z. \tag{B.4}$$

Aus einer mathematischen Formelsammlung entnimmt man $\int_0^\infty \mathrm{e}^{-\alpha n^2} \mathrm{d}n = \sqrt{\pi}/2\alpha$ und erhält für Gl. (B.4)

$$Z_1 = \frac{V}{h^3}(2\pi mkT)^{3/2}. \tag{B.5}$$

Weil diese Zustandssummen multiplikativ sind (s. B.4), hat man für N Teilchen 3 N solcher Integrale und erhält

$$Z_N = Z_1^N = \left[\frac{V}{h^3}(2\pi mkT)^{3/2}\right]^N. \tag{B.6}$$

Die Vertauschung zweier Gasatome liefert keinen neuen Zustand, weil Gasatome ununterscheidbar sind. Daher müssen wir dieses Ergebnis noch durch $N!$ teilen (s. [1]). Mit der vereinfachten Stirling-Näherung, $N! \approx (N/\mathrm{e})^N$ ergibt sich dann

$$\boxed{\tilde{Z}_N = \frac{Z_N}{N!} = \left[(2\pi mkT)^{3/2} \frac{\mathrm{e}}{N} \frac{V}{h^3}\right]^N.} \tag{B.7}$$

Dies ist die Zustandssumme eines einatomigen idealen Gases von N Atomen mit der Masse m bei der Temperatur T im Volumen V. Setzen wir hier Zahlen für 1 Mol Argon bei 293 K, so erhalten wir die riesengroße Zahl $\tilde{Z}_N = 10^{10^{25}}$. Ihre absolute Größe beruht auf dem Faktor h^{3N} im Nenner von (Gl. B.7). Aber keine Sorge! Wir brauchen in der Praxis meistens nur den Logarithmus dieser Zahl, nämlich 10^{25}.

Nun berechnen wir noch die Zustandssumme für einen idealen paramagnetischen Festkörper, zum Beispiel Eisenchlorid. Ein kleinstes magnetisches Moment $\boldsymbol{\mu}$ von der Größe $9{,}27 \cdot 10^{-24}$ Am^2 kann nur parallel oder antiparallel zu einem Magnetfeld $\boldsymbol{B}$ stehen [1]. Seine potenzielle Energie ist dann entweder

$$\varepsilon_\mathrm{a} = -\mu B \quad \text{oder} \quad \varepsilon_\mathrm{b} = +\mu B. \tag{B.8}$$

Die Zustandssumme eines solchen Kristalls im Wärmebad lautet nach Gl. (B.1) für ein einzelnes Moment (Index 1)

$$Z_1 = \sum_{i=\mathrm{a,b}} \mathrm{e}^{-\varepsilon_i/(kT)} = \mathrm{e}^{-\mu B/(kT)} + \mathrm{e}^{+\mu B/(kT)} = 2\cosh\frac{\mu B}{kT}. \tag{B.9}$$

Für N nicht wechselwirkende Momente haben wir dann

$$Z_N = Z_1^N = \left(2\cosh\frac{\mu B}{kT}\right)^N . \tag{B.10}$$

Hier brauchen wir nicht, wie beim Gas, durch $N!$ dividieren, denn die Momente haben im Festkörper fixe Gitterplätze und können nicht untereinander vertauscht werden.

Literatur

1. Schroeder, D. V. (2000). *An introduction to thermal physics*. San Francisco: Addison Wesley.
2. Stierstadt, K. (2018). *Thermodynamik für das Bachelorstudium*. Berlin: Springer.
3. Stierstadt, K. *Temperatur und Wärme – Was ist das wirklich? essential*. Berlin: Springer (In Vorbereitung).
4. Stierstadt, K. *Die Eigenschaften der Stoffe, essential*. Berlin: Springer (In Vorbereitung).
5. Stierstadt, K. (2010). *Thermodynamik*. Berlin: Springer.

K. Stierstadt, *Thermodynamische Potenziale und Zustandssumme*, essentials, https://doi.org/10.1007/978-3-658-28993-5